55分で焼きたてパン　任性出版

一只平底鍋
搞定 50 款
手作麵包

免烤箱、不用麵包機，

揉麵團還不沾手，麵包、瑪芬、甜甜圈……
25 ～ 55 分鐘上桌。榮獲世界美食家圖書大獎！

55 MINUTES BREAD

世界美食家圖書大獎
日清、meiji 指定合作設計食譜

沼津理惠 ————— 著

林芷柔 ————— 譯

55分鐘搞定！免烤箱，

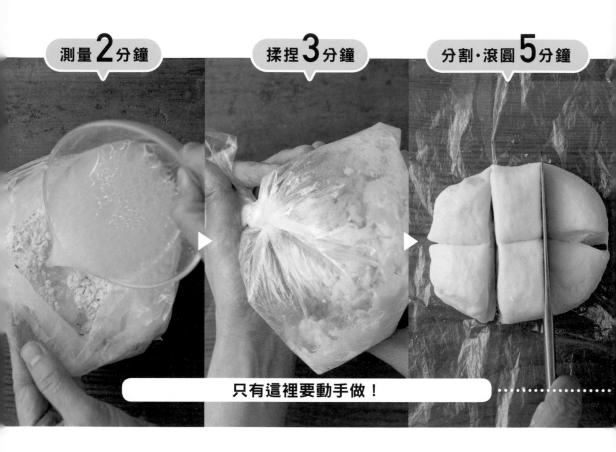

測量 **2**分鐘

揉捏 **3**分鐘

分割・滾圓 **5**分鐘

只有這裡要動手做！

- ☑ 用塑膠袋揉捏麵團，不僅完全不沾手，麵粉也不會四處飛！

- ☑ 一張小桌子就OK，無場地限制！

- ☑ 更驚人的是，整理廚房超輕鬆！

現烤現吃

就能做麵包

發酵 **35** 分鐘　　　烤 **10** 分鐘　　　**55**分 完成！

其他都交給平底鍋搞定！

在靜置發酵的這段時間，你可以……
享受各種小確幸

整理打掃
麵包烤好，
廚房也很乾淨♪

如果是晚上備料，
剛好可以來泡澡！

背英文單字
可以完全專注的時間！

可同時烤
25 分鐘麵包！
（請見 p.129）

CONTENTS

Part 1

不沾手揉麵法，
做出軟 Q 手撕麵包

Part **2**

手殘也能做！
創意百變餡料＆內餡麵包

（餡料麵包）

內餡麵包

Part 3

吃了也不會胖的
午茶小輕食

Part 4

免發酵，25分速成！
披薩、烤餅、帕里尼、煎包、派對小點心

推薦序

最適合烘焙新手的
麵包工具書

110食驗室總監／Jessica陳婉茜

　　六年前的夏天，我秉持著「食物是跨越語言與文字的溝通媒介」的理念，創辦了110食驗室。為了能夠讓大家在美好的環境下，學習各式各樣的手作料理，我邀請各領域的優秀師資來開設課程，從餅乾、蛋糕、麵包類，到中西式、異國料理，還有手沖咖啡、美食攝影、餐桌花藝布置及食品安全，課程內容可說是一應俱全。除了能讓大家學習到烘焙廚藝手作以外，我也希望學員們在透過照片記錄生活，或是在社群媒體分享自己學習成果的同時，也能對食品安全有正確的認知。

　　而在我經營110食驗室時，發現許多烘焙新手在開始動手做麵包之前，總是會添購一堆烘焙器材，像是攪拌機、各式模具、烤箱等，因此光是準備道具，花費就不少。但日本料理研究家沼津理惠的這本《一只平底鍋，搞定50款手作麵包》，則是用做菜

的平底鍋取代烤箱、用一只塑膠袋取代攪拌機，讓烘焙初學者不需要添購昂貴器材、不需要模具和烤箱，就能輕鬆做出50款手作麵包。

作者沼津理惠在書中，不僅詳細記載了配方和步驟，大部分的食材在超市也都可以取得，初學者只要照著步驟實境圖，將材料裝在塑膠袋中，輕鬆揉好麵團，利用平底鍋加熱的方式，就可以使麵團完成發酵；最後，再搭配多變的麵團整形手法、平底鍋的多種烤法，就能做出既簡單又美味的手作麵包。從中式包子、印度烤餅、義大利披薩、美式貝果、甜甜圈、派對點心，到手撕麵包，搭配多種自製抹醬，還可以做成漢堡、三明治。

此外，作者也針對手作麵包的常見問題，幫大家整理出一份詳細的Q&A，像麵粉的辨識、液體中的固體含量、發酵程度的辨別、對於製作麵包來說，都是很重要的基礎知識。這是一本烘焙學習者非常值得擁有的實用工具書，我真心推薦給大家。

Part 1

不沾手揉麵法，

做出軟Q手撕麵包

用 100g 的高筋麵粉，
就能做出秒殺級美味的手作麵包。
基本作法超簡單，烘焙新手也完全 OK！
那軟綿又 Q 彈的口感，就像剛出爐一樣，
請一定要嚐看看！

一鍋 2 烤，鬆軟、

鬆軟口感！單面烘烤

同一種麵團
2 種烤法

Real size
實物大小

14cm

建議使用
直徑 14cm 的平底鍋。
大平底鍋也 OK！→ p.36

香脆都滿足

外酥內軟！雙面烘烤

Real size
實物大小

14 cm

工具與材料

☑ 計時器　　　☑ 塑膠袋

Point
建議使用
20×30 cm
或是
25×35 cm

☑ 平底鍋與鍋蓋

☑ 小調理碗

Point
建議使用
直徑 14 cm 的鍋款。
家裡現有的鍋子
也 OK！

沒有鍋蓋的話，用
鋁箔紙代替也 OK。

☑ 廚房剪刀　　☑ 刀子（或是刮板）　　☑ 電子秤

☑ 量匙（大匙・小匙）

使用最簡便的材料!

原味麵包

A
液體類

Point
小心高溫!
室溫超過50℃,
酵母的活性就會
大幅降低。
(依酵母種類
略有不同)

Point
1g 建議
使用小量匙。

✓ **乾酵母 1g**
（⅓ 小匙）

✓ **溫水 60g**（約40度）

用冷水將熱水降至40度;也可
以用微波爐（600W）加熱10
至20秒。

※ 將油和酵母均勻混合後,發
酵的環境溫度以35℃為宜。

✓ **沙拉油5g**
（1小匙多一點）

※ 多一點,約 ⅓ 匙。

B
粉類

✓ **鹽1g**
（¼ 小匙少一點）

✓ **高筋麵粉**
100g

✓ **砂糖 5g**
（1小匙多一點）

麵團的作法

不沾手、不受場地限制，
只要跟著配方和實境步驟圖，就能做出55分鐘麵包！
若有任何疑難雜症，請參考Q&A（p.88～p.94）。

步驟 **1** 混合材料

混合 **A**

- 溫水
  … 60g（約40度）
- 沙拉油
  … 5g（1小匙多一點）
- 乾酵母
  … 1g（⅓小匙）

在調理碗中，加入A
並混合拌勻。

混合 B

- 高筋麵粉⋯ 100g
- 鹽⋯ 1g（¼ 小匙少一點）
- 砂糖⋯ 5g（1小匙多一點）

將 **B** 倒入塑膠袋，
用手輕輕揉捏。

▽

在袋內裝入一些空氣，
扭轉打結。

將 **A** 加入 **B**

在粉類的塑膠袋中，一口氣
倒入所有液體材料。

▼

一開始很黏稠

▼

1 分鐘變成團狀

步驟 2 搖一搖 1 分鐘

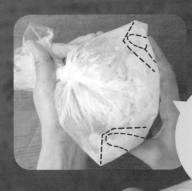

Point
用拇指和中指，抓住塑膠袋的兩個邊角，更容易搖勻！

盡情的搖一搖！

Point
不要灌入太多空氣，留一點空間，袋子比較不會破掉。

步驟 3 雙手揉捏 1 分鐘

Point

小心並仔細
的將麵團
揉捏均勻！

步驟 4 用拳頭按壓 1 分鐘

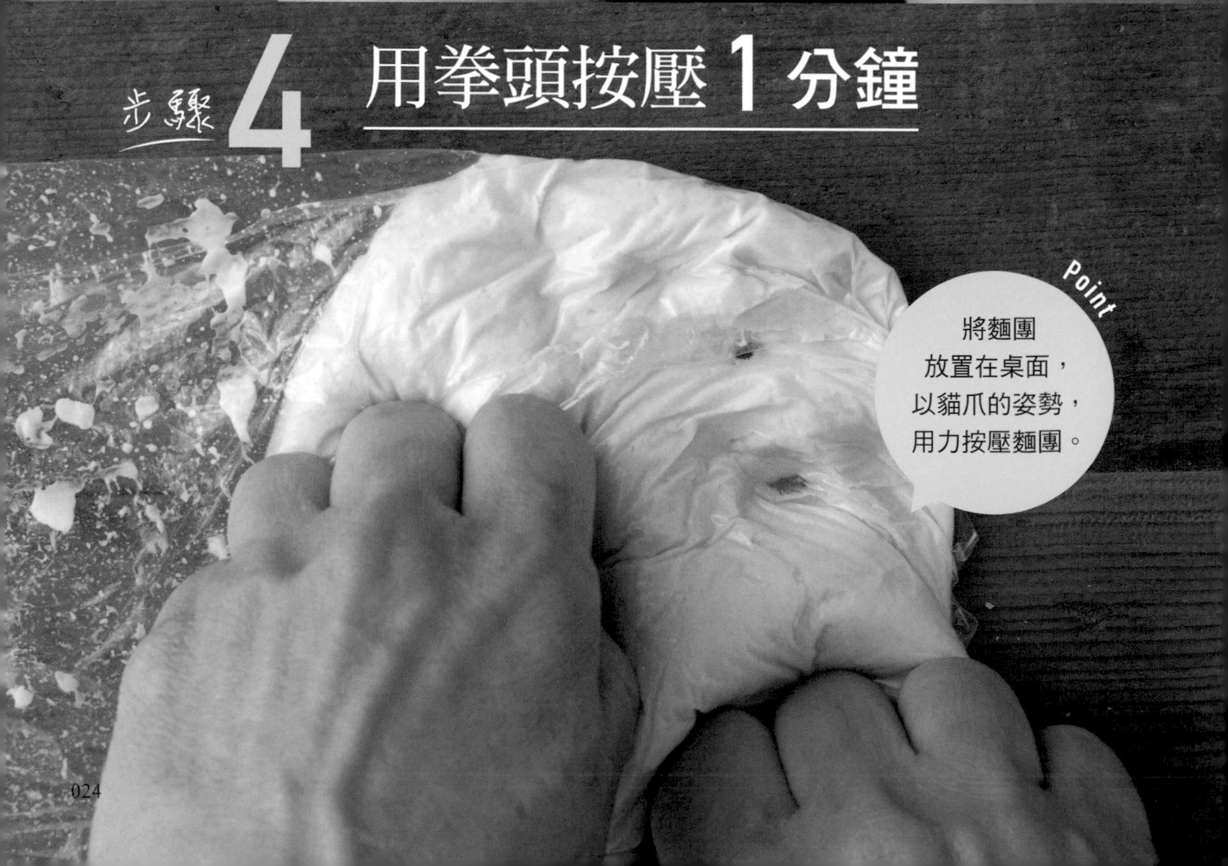

Point

將麵團
放置在桌面，
以貓爪的姿勢，
用力按壓麵團。

步驟 **5** 分割

剪開塑膠袋。

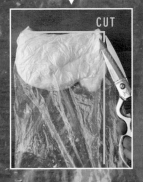

用手直接將四周的麵團往中間摺疊。

摺疊麵團，共4次。

Point

連塑膠袋一起摺疊，就不會沾手！麵團要揉成厚度平均的長方形。

用刀子切割成6等分

（可依照喜好改變大小！→p.34）

步驟 6 滾圓＊， 靜置發酵 35 分鐘

蓋上蓋子，
避免麵團乾燥

將麵團收口朝下

＊揉成圓球狀。

用掌心將麵團壓平
排氣（排出氣體）。

將麵團兩側往中間摺，
收口處捏緊。

Point

麵團往中間摺，
捏緊收口！

放入平底鍋，蓋上蓋子，
大火加熱 **10** 秒 ▶ 熄火靜置 **35** 分鐘

35 分鐘膨脹！

步驟 **7** 烘烤

單面烘烤 ▶ 香甜鬆軟

蓋上蓋子，大火加熱 **10** 秒 ▶ 小火加熱 **10** 分鐘

※ 完成後須取出放涼，避免麵包因水氣而變軟。

Point

小心不要烤焦。
維持小火！

雙面烘烤 ▶ 外酥內軟

蓋上蓋子，大火加熱 **10** 秒 ▶ 小火 **5** 分鐘 ▶ 翻面加熱 **5** 分鐘

※ 完成後須取出放涼，避免麵包因水氣而變軟。

用刀子或刮刀翻面

3 種麵團變化，
50 款手作麵包

稍微變換麵包的材料，
就能品嚐不一樣的風味！

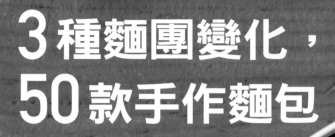

濃醇香營養滿分

全麥麵包

更換材料！

材料

A	溫水… 60g（約40度）
	沙拉油… 5g（1小匙多一點）
	乾酵母… 1g（⅓ 小匙）

B	高筋麵粉… 70g
	全麥麵粉（細粉）… 30g
	鹽… 1g（¼ 小匙少一點）
	砂糖… 5g（1小匙多一點）

材料

A
> 蛋黃1個 ＋ 溫水… 總共60g
>
> 無鹽奶油… 10g
> 　　（若使用有鹽奶油，可減少鹽巴分量）
>
> 乾酵母… 1g（⅓ 小匙）

※ 將蛋黃與奶油放至常溫，或是提高水的溫
　度；將 **A** 混合後，水溫至少要35℃。

更換
材料！

B
> 高筋麵粉… 100g
>
> 鹽… 1g（¼ 小匙少一點）
>
> 砂糖… 20g（2 大匙）

※ 揉麵團時若會黏手，可沾取少許高筋麵粉
　（p.92）。

加入蛋黃和奶油，香氣更濃郁

Rich 類麵包

＊ Rich 類麵包會額外添加糖、蛋、乳製品、
　油脂等，熱量較高，發酵時間較短。

柔軟Q彈超香甜

鮮奶麵包

材料

A	牛奶… 60g（約40度）
	沙拉油… 5g（1小匙多一點）
	乾酵母… 1g（⅓ 小匙）

B	高筋麵粉… 100g
	鹽… 1g（¼ 小匙少一點）
	砂糖…15g（1又 ½ 大匙）

更換
材料！

3種分割，百變烤法

由自己決定分割方式和平底鍋大小！
試著根據當天的心情和喜好來改變形狀，
手撕麵包、小圓麵包、完整的麵包，通通可以做！

3種分割方式

[4等分]

用刀子分割成4等分，
並滾圓。

[12等分]

用刀子分割成12等分，
並滾圓。

［麵團不分割，烤完後切片］

不分割，將整個麵團滾圓。將麵團收口朝下，放在平底鍋中間，用手從上方按壓。

完整的麵包

剩下的麵包可放冷凍保存

如果有吃不完的麵包，可用保鮮膜包起來，裝入塑膠袋，再放冷凍保存。想吃麵包時，直接取出，放入烤箱烤3～4分鐘，即可食用！

一口接一口的手撕麵包

[放在中間]

[烤出手撕麵包]

將麵團分割、滾圓後，放在平底鍋中間，靜置發酵。

只要加熱烘烤，麵團就會黏在一起，變成手撕麵包。

夾心、抹醬超百搭的小圓麵包

[分開烘烤]

將麵團分割後滾圓，分別擺放於平底鍋中，並等待發酵。直接烘烤，麵團不會黏在一起，可以烤出一塊塊的小圓麵包。

除了可以當早餐、點心，來杯葡萄酒，更能享受美味！

百變吃法 1：Dip Bread

6種自製抹醬 × 手撕麵包，給你吮指好滋味！

軟綿口感

無須去水，好輕鬆！

1

2

用檸檬去腥！

加入牛奶就可以！

3

4

攪拌一下就完成

粉紅色少女心～好可愛♡

5

6

1 蒜香酪梨檸檬抹醬

材料（方便製作的分量）
酪梨（去皮、去籽後壓碎）… ½ 個
蒜頭（切碎）… 少量
檸檬汁… ½ 小匙
橄欖油… 1 大匙
鹽… ¼ 小匙
胡椒… 少量

作法
將所有材料攪拌混合。

---

2 清爽低卡豆腐奶油抹醬

材料（方便製作的分量）
木棉豆腐… 30 g
奶油乳酪… 30 g
核桃（切碎）… 5 g
檸檬汁… ¼ 小匙
鹽、胡椒… 各少量

作法
將所有材料攪拌混合。

※ 木棉豆腐為日本料理常用食材，類似臺灣的板豆腐。

---

3 濃醇順口黃豆粉牛奶抹醬

材料（方便製作的分量）
黃豆粉… 30 g
砂糖… 1 又 ½ 大匙
牛奶… 2 大匙
鹽… 少量

作法
將所有材料攪拌混合。

4 法式鯖魚抹醬

材料（方便製作的分量）
水煮鯖魚罐頭… 30 g
奶油乳酪… 30 g
檸檬汁… ½ 小匙
鹽、胡椒… 各少量

作法
將所有材料攪拌混合。

5 咖啡奶酪抹醬

材料（方便製作的分量）
A ｜ 即溶咖啡（粉末）… 2 小匙
　　砂糖… 2 大匙

熱水… ½ 小匙
奶油乳酪… 50 g

作法
將 A 和熱水混合，攪拌至溶解。
將乳酪拌軟後，再加入 A 拌勻。

6 鹹香誘人明太子抹醬

材料（方便製作的分量）
馬鈴薯（水煮壓碎）… 100 g

A ｜ 鱈魚子（明太子）… ½ 對（約35 g）
　　牛奶… 1 大匙
　　檸檬汁… 1 小匙
　　橄欖油… 2 大匙
　　鹽、胡椒… 各少量

作法
將 A 混合攪拌後，加入馬鈴薯並
拌勻。

百變吃法 2：Sandwich

一咬就爆漿！
手撕三明治、漢堡

一口咬下超綿密～
嫩蛋沙拉爆漿麵包

材料（1人份）————

原味麵包（p.29）
　6等分／雙面烘烤… 2個
水煮蛋… 1顆

A ｜ 美乃滋… 2小匙
　 ｜ 牛奶… 1小匙
　 ｜ 鹽、胡椒… 各少量

作法————

1 雞蛋煮熟後，將蛋白和蛋黃分別壓碎。將蛋黃和 **A** 攪拌至滑順，接著加入蛋白拌勻。

2 將麵包縱向切開（不要到底），夾入1即完成。

可依個人喜好選擇
雙面或單面烘烤麵包！

Tips ————

蛋黃和蛋白分開壓碎，可以增添滑順口感。

推薦食譜

義式番茄蔬菜湯

材料（易於製作的分量）

洋蔥… ¼ 個（50g）
馬鈴薯… ⅓ 個（50g）
高麗菜… 小顆1片（50g）
胡蘿蔔… 切小丁，約2cm（20g）
培根… 2片
橄欖油… 1小匙
番茄醬… 2大匙
醬油… 1小匙
鹽、胡椒… 各少量

作法————

1 將洋蔥、高麗菜和培根切成1cm的丁狀（胡蘿蔔2cm）。

2 用橄欖油熱鍋，倒入1，接著轉小火，將蔬菜拌炒至軟化。

3 加入番茄醬，拌炒2～3分鐘，帶出甜味。

4 加入400㎖的水和馬鈴薯，煮滾後蓋上鍋蓋並留一點縫隙，將馬鈴薯煮至熟透。

5 用醬油、鹽、胡椒調味。

Tips ————

用番茄醬，即可帶出濃郁的湯頭風味。

分量十足，正餐也能吃飽！
迷你美式肉排漢堡

材料（1人份）

全麥麵包（p.31）
　6等分／雙面烘烤… 2個
小漢堡排… 2個（市售或手工）
生菜（撕開）… 1片
起司片（切達〔Cheddar〕，英美常見
　的起司）… ½ 片
番茄醬… 適量

作法

1 將麵包橫切一半，起司對半切。

2 依序放入生菜、小漢堡排，抹上番茄
　醬。最後，再夾入起司。

推薦食譜

爽脆醋溜小黃瓜

材料（易於製作的分量）

小黃瓜… 1根
紅色甜椒（大）… ½ 個
　（或是依個人喜好選擇蔬菜
　200g）
鹽… 1小匙
醋、砂糖… 各2大匙

作法

1 將所有蔬菜切丁放在濾網上，撒
　鹽稍微抓醃，靜置15分鐘，待食
　材出水。

2 在保鮮盒中，放入1（無須瀝
　乾）、醋、砂糖，全部攪拌混合。
　待砂糖溶解即完成。

Tips

只要一點調味，就能快速入味！

不敗經典 BLT 三明治

材料（1人份）

全麥麵包（p.31）
　4等分／雙面烘烤… 2個
培根… 1片
番茄（切片厚度1cm）… 2片
生菜（撕開）… 1片
顆粒芥末醬、美乃滋… 各適量

作法

1 可依喜好選擇麵包。此道菜使用的是小圓麵包（p.36）（烘烤時將麵團壓平，可做出類似英式瑪芬的形狀）。

2 將麵包從側邊切一半。培根切成4等分，放入平底鍋，不加油煎至焦脆。

3 在麵包內層，塗上顆粒芥末醬、美乃滋，並依序放上培根、生菜、蕃茄片，再放上另一片麵包。

推薦食譜

高纖蔬菜綠拿鐵

材料（易於製作的分量）

小松菜… 2株（100g）
香蕉… 1根
牛奶… 200㎖

作法

1 將小松菜、香蕉，各切成5cm的塊狀。

2 在果汁機倒入1和牛奶，攪打至滑順。也可以依照個人喜好，添加砂糖或蜂蜜，以增加甜度。

Tips

用香蕉去除苦味，口感更滑順！

咖啡店點單率最高！

香蕉巧克力夾心麵包

材料（1人份）

鮮奶麵包（p.33）
　　6 等分／單面烘烤… 1 個
巧克力片… 小塊
香蕉（斜切薄片）… 3 片

作法

將麵包從側邊剖半，夾入巧克力片
和香蕉。

熱量爆也要吃！

藍莓乳酪夾心麵包

材料（1人份）

Rich 類麵包（p.32）

  6 等分／雙面烘烤… 1 個

藍莓醬、奶油乳酪… 各適量

作法

1 可依喜好選擇麵包。此處用的是
小圓麵包（p.36）。

2 將麵包從側邊剖半，塗上乳酪和
果醬，再放上另一片麵包。

圓滾滾～少女系療癒甜點！

爆餡生乳包

材料（1人份）
Rich 類麵包（p.32）
　6 等分／雙面烘烤… 1 個
打發鮮奶油（市售）… 適量
水果… 適量

作法
將麵包從側邊剖半，抹上鮮奶油，
再放上水果薄片。

Part 2

內餡麵包

手殘也能做！

創意百變餡料 & 內餡麵包

接下來要挑戰的是，
用現有的材料，製作餡料或內餡麵包！
例如：佐餐麵包、配菜、點心等。
只要改變口味，每天吃也吃不膩，
快用自己最喜歡的材料來搭配吧！

餡料麵包

餡料麵包

做好基本的麵團後，
只要將配料倒入袋內揉捏，就大功告成。
顆粒較大的配料，則用摺疊麵團的方式混合。

美美的出爐！
簡單又超時髦的
工業風早午餐！

芝麻高鈣起司
小餐包

材料（原味麵團 6 個）

A | 溫水… 60g（約40度）
沙拉油… 5g（1小匙多一點）
乾酵母… 1g（⅓ 小匙）

B | 高筋麵粉… 100g
鹽… 1g（¼ 小匙少一點）
砂糖… 5g（1小匙多一點）

焙煎黑芝麻… 10g
披薩調理專用乳酪絲… 30g

作法

製作
麵團 ▶ 參閱 p.20～p.24。

混合
材料 ▶ **1** 加入黑芝麻、乳酪絲，揉捏混合至均勻。

▶ **2** 切開塑膠袋，將麵團摺疊4次，整形成長方形。

分割·
發酵 **3** 分割成6等分，分別滾圓。將麵團收口朝下（即光滑面朝上），放入平底鍋。

參閱
p.25～p.27 **4** 蓋上蓋子，大火加熱10秒，熄火後靜置35分鐘。

雙面
烘烤 **5** 鍋蓋繼續蓋著，大火加熱10秒，轉小火5分鐘，翻面再烤5分鐘。

參閱p.29

以拳頭揉捏麵團，拌入芝麻和乳酪絲。

推薦食譜

增肌減脂不挨餓！
高蛋白和風嫩雞沙拉

材料（2 人份）

雞腿肉… 150 g

鹽… ⅓ 小匙

胡椒… 少量

橄欖油… ½ 小匙

生菜（撕開）、綜合生菜葉
　　…100 g

番茄（切塊）…小顆 1 個

A
醋… ½ 大匙
橄欖油… 1 大匙
鹽… ¼ 小匙
胡椒… 少量

作法

1 把雞肉較厚的地方切開、攤平，
兩面撒上鹽巴和胡椒。

2 用平底鍋預熱橄欖油，將雞皮
朝下放入鍋中，以較弱的中火煎
5～6 分鐘。煎至焦脆後翻面，再
煎 2～3 分鐘。放涼後，將雞肉切
成一口大小。

3 在盤中放入生菜、綜合生菜葉、
番茄，接著再擺上 2，淋上醬汁
A，攪拌均勻。

Tips

搭配多種新鮮蔬菜，顏色越多、
營養越豐富。

微辣椒香起司小餐包

材料（原味麵團 6 個）

A
- 溫水… 60 g（約40度）
- 沙拉油… 5 g（1 小匙多一點）
- 乾酵母… 1 g（⅓ 小匙）

B
- 高筋麵粉… 100 g
- 鹽… 1 g（¼ 小匙少一點）
- 砂糖… 5 g（1 小匙多一點）

粗粒黑胡椒… 1 小匙（依喜好調整）
起司粉… 2 大匙（約20 g）

作法

製作麵團

參閱 p. 20～p. 24。

混合材料

1 加入黑胡椒、起司粉，揉捏混合。

以拳頭揉捏麵團，拌入
黑胡椒和起司粉。

分割‧發酵

參閱
p.25～p.27

2 切開塑膠袋，將麵團摺疊 4次，整形成長方形。

3 分割成 6 等分，分別滾圓。將麵團收口朝下，放入平底鍋。

4 蓋上蓋子，大火加熱 10 秒，熄火後靜置 35 分鐘。

雙面烘烤

參閱 p.29

5 鍋蓋繼續蓋著，大火加熱 10 秒，轉小火加熱 5 分鐘，翻面再烤 5 分鐘。

暖心又開胃！
法式火上鍋

材料（2 人份）

馬鈴薯… 小顆 2 個
胡蘿蔔… 小條 ½ 根
洋蔥… ¼ 個
維也納香腸… 4 根
鹽… ½～⅓ 小匙
胡椒… 適量

作法

1 將馬鈴薯切成 4～6 等分，胡蘿蔔切滾刀塊，洋蔥以順紋方式切成塊狀。

2 將作法 1 的食材和香腸放入鍋中，倒入 400～500 ㎖ 的水，開火煮滾後將馬鈴薯煮至熟透。最後，再以鹽巴和胡椒調味。

Tips

用小塊蔬菜就能製作的快速湯品！

超濃奶香，一口大小剛剛好！

牛奶葡萄乾QQ球

材料（鮮奶麵團 12 個）

A
牛奶… 60g（約40度）
沙拉油… 5g（1小匙多一點）
乾酵母… 1g（⅓ 小匙）

B
高筋麵粉… 100g
鹽… 1g（¼ 小匙少一點）
砂糖… 15g（1又 ½ 大匙）

葡萄乾… 40g

作法

製作
麵團
參閱p.20～p.24。

混合
材料

1 加入葡萄乾，揉捏混合。

以拳頭揉捏麵團後，
加入葡萄乾。

分割·
發酵
參閱
p.25～p.27

2 切開塑膠袋，將麵團摺疊4次，整形成長方形。
3 分割成12等分，分別滾圓。將麵團收口朝下，放入平底鍋。
4 蓋上蓋子，大火加熱10秒，熄火後靜置35分鐘。

雙面
烘烤
參閱p.29

5 鍋蓋繼續蓋著，大火加熱10秒，轉小火加熱5分鐘，翻面再烤5分鐘。

少油低糖不上火！

全麥核桃麵包

材料（全麥麵團 4 個）

A
温水… 60g（約40度）
沙拉油… 5g（1小匙多一點）
乾酵母… 1g（⅓ 小匙）

B
高筋麵粉… 70g
全麥麵粉（細粉）… 30g
鹽… 1g（¼ 小匙少一點）
砂糖… 5g（1小匙多一點）

核桃（隨意切碎）… 30g

作法

製作麵團
參閱 p.20～p.24。

▼

混合材料

1 加入核桃，揉捏混合麵團。

2 切開塑膠袋，將麵團摺疊4次，整形成長方形。

▼

分割・發酵
參閱 p.25～p.27

3 分割成4等分，分別滾圓。將麵團收口朝下，放入平底鍋。

4 蓋上蓋子，大火加熱10秒，熄火後靜置35分鐘。

▼

雙面烘烤
參閱p.29

5 鍋蓋繼續蓋著，大火加熱10秒，轉小火加熱5分鐘，翻面再加熱5分鐘。

以拳頭揉捏麵團後，加入核桃。

放學後必吃的古早味！
金黃酥脆玉米麵包

材料（全麥麵團6個）

A
- 溫水… 60g（約40度）
- 沙拉油… 5g（1小匙多一點）
- 乾酵母… 1g（⅓ 小匙）

B
- 高筋麵粉… 70g
- 全麥麵粉（細粉）… 30g
- 鹽… 1g（¼ 小匙少一點）
- 砂糖… 5g（1小匙多一點）

玉米粒（瀝乾）… 50g

作法

製作麵團
參閱 p. 20～p. 24。

混合材料

1 切開塑膠袋，加入玉米粒。將麵團摺疊4次，一邊混合、一邊整形成長方形。

分割‧發酵
參閱
p.25～p.27

2 分割成6等分，分別滾圓。將麵團收口朝下，放入平底鍋。

3 蓋上蓋子，大火加熱10秒，熄火後靜置35分鐘。

雙面烘烤
參閱p.29

4 鍋蓋繼續蓋著，大火加熱10秒，轉小火加熱5分鐘，翻面再加熱5分鐘。

若餡料含有水分，麵團會過軟，請務必仔細瀝乾！

以拳頭揉捏後，一邊摺疊麵團、一邊混合材料。

超唰嘴綜合菓豆豆餐包

材料（原味麵團 6 個）

A
| 溫水… 60g（約40度）
| 沙拉油… 5g（1小匙多一點）
| 乾酵母… 1g（⅓ 小匙）

B
| 高筋麵粉… 100g
| 鹽… 1g（¼ 小匙少一點）
| 砂糖… 5g（1小匙多一點）

綜合豆（瀝乾）… 50g

※日本常見的混合豆類包裝，
可用青豆、鷹嘴豆、黑豆替代。

作法

製作麵團
參閱 p.20～p.24。

混合材料
1 切開塑膠袋，加入綜合豆，摺疊麵團4次，一邊混合、一邊整形成長方形。

分割・發酵
參閱 p.25～p.27
2 分割成6等分，分別滾圓。將麵團收口朝下，放入平底鍋。
3 蓋上蓋子，大火加熱10秒，熄火後靜置35分鐘。

雙面烘烤
參閱p.29
4 鍋蓋繼續蓋著，大火加熱10秒，轉小火加熱5分鐘，翻面再加熱5分鐘。

若餡料含有水分，麵團會過軟，請務必仔細瀝乾！

以拳頭揉捏後，一邊摺疊麵團、一邊混合材料。

香草小圓麵包

材料（原味麵團 6 個）

A
| 溫水… 60g（約40度）
| 沙拉油… 5g（1小匙多一點）
| 乾酵母… 1g（⅓ 小匙）

B
| 高筋麵粉… 100g
| 鹽… 1g（¼ 小匙少一點）
| 砂糖… 5g（1小匙多一點）

粗乾燥香草… ½〜1 小匙

※ 可依喜好選擇奧勒岡、
百里香、綜合香草等材料。

作法

製作麵團 ▶ 參閱 p.20〜p.24。

混合材料

1 加入乾燥香草，揉捏混合麵團。

2 切開塑膠袋，將麵團摺疊4次，整形成長方形。

3 分割成6等分，分別滾圓。將麵團收口朝下，放入平底鍋。

分割·發酵
參閱 p.25〜p.27

4 蓋上蓋子，大火加熱10秒，熄火後靜置35分鐘。

單面烘烤
參閱p.28

5 鍋蓋繼續蓋著，大火加熱10秒，轉小火加熱10分鐘。

以拳頭揉捏麵團後，混入乾燥香草。

撕開後香味撲鼻！
淋上檸檬奶油醬
也很搭！

推薦食譜

法式檸香嫩煎鮭魚

材料（2 人份）

鮭魚⋯ 2 塊
鹽⋯ 少量
橄欖油⋯ 1 小匙

A
┃ 奶油⋯ 10g
┃ 檸檬汁⋯ 2 小匙
┃ 檸檬切片⋯ 2 片

粗粒黑胡椒⋯ 適量

作法 ─────────

1 鮭魚片用紙巾吸乾水分，兩面撒上少許鹽巴後，放置 3 分鐘。

2 熱鍋後，放入作法 1 的食材，以小火煎至兩面金黃起鍋。

3 擦掉平底鍋中多餘的油，加入 A，煮滾後馬上熄火。將醬汁淋上 2，依喜好搭配生菜沙拉，撒上黑胡椒即完成。

Tips ─────────

最後淋上的法式檸檬奶油醬，是美味祕訣！

紅茶手撕包佐莓果醬

材料（鮮奶麵團 8 個）

A
| 牛奶… 60g（約40度）
| 沙拉油… 5g（1小匙多一點）
| 乾酵母… 1g（⅓ 小匙）

B
| 高筋麵粉… 100g
| 鹽… 1g（¼ 小匙少一點）
| 砂糖… 15g（1又 ½ 大匙）

紅茶茶葉… 茶包1袋

以拳頭揉捏麵團後，混入茶葉。

作法

製作麵團
參閱 p.20～p.24。

混合材料

1 加入茶葉，揉捏混合麵團。

2 開塑膠袋，將麵團摺疊4次，整形成長方形。

分割・發酵
參閱 p.25～p.27

3 分割成8等分，分別滾圓。將麵團收口朝下，放入平底鍋。

4 蓋上蓋子，大火加熱10秒，熄火後靜置35分鐘。

雙面烘烤
參閱p.29

5 鍋蓋繼續蓋著，大火加熱10秒，轉小火加熱5分鐘，翻面再烤5分鐘。可依個人喜好搭配果醬。

黑眼豆豆巧克力小餐包

材料（Rich 類麵團 6 個）

A
蛋黃 1 個＋溫水… 共 60 g
無鹽奶油… 10 g
（若使用有鹽奶油，可減少
鹽巴分量）
乾酵母… 1 g（⅓ 小匙）

※將蛋黃與奶油放至常溫，或是
提高溫水的溫度；混合後，水溫
需達 35℃。

B
高筋麵粉… 100 g
鹽… 1 g（¼ 小匙少一點）
砂糖… 20 g（2 大匙）

巧克力豆… 20 g

作法

製作麵團
參閱 p.20～p.24。

混合材料
1 切開塑膠袋，放入巧克力豆，摺疊麵團 4 次，一邊混合、一邊整形成長方形。

分割‧發酵
參閱 p.25～p.27
2 分割成 6 等分，分別滾圓。將麵團收口朝下，放入平底鍋。
3 蓋上蓋子，大火加熱 10 秒，熄火後靜置 35 分鐘。

單面烘烤
參閱 p.28
4 鍋蓋繼續蓋著，大火加熱 10 秒，轉小火加熱 10 分鐘。

以拳頭揉捏麵團後，加入巧克力豆。

Tips
甜食控最愛！將蛋黃加入巧克力，口感更濃郁香滑！

內餡麵包

內餡含有水分的話，麵團會過軟，
所以製作時，一定要將內餡充分瀝乾。
從發酵到包好餡料，只要35分鐘！

方便入口的大小！
爆漿的起司香味撲鼻！

零失敗！維也納起司麵包

材料（原味麵團 6 個）

A | 溫水… 60g（約 40 度）
沙拉油… 5g（1 小匙多一點）
乾酵母… 1g（⅓ 小匙）

B | 高筋麵粉… 100g
鹽… 1g（¼ 小匙少一點）
砂糖… 5g（1 小匙多一點）

維也納香腸（切半）… 3 根
披薩調理專用乳酪絲… 30g

作法

製作麵團

參閱 p.20～p.24。

1 切開塑膠袋，將麵團摺疊 4 次，整形成長方形。

2 分割成 6 等分，分別滾圓。壓平麵團，放上香腸和乳酪絲，包起來。用利刀在麵團表面劃出割痕。

分割・包餡

將麵團滾圓後壓平，放上半根香腸及乳酪絲（5g）。

將麵團往中間摺，捏緊收合。

用利刀劃出 4 道割痕（切到香腸也OK）。

3 將麵團收口朝下，擺入平底鍋（直徑20㎝）。

發酵

參閱
p.26～p.27

4 蓋上蓋子，大火加熱10秒，熄火後靜置約30分鐘。

使用直徑20㎝的平底鍋，將麵團分開排列。包餡料約需5分鐘，因此發酵時間可抓30分鐘。

雙面
烘烤

參閱p.29

5 鍋蓋繼續蓋著，大火加熱10秒，轉小火加熱5分鐘，翻面再烤5分鐘。

很老梗，但大人小孩都愛吃！

鮪魚玉米美乃滋麵包

麵團一定要捏緊收合，
讓中間滿滿都是餡料！

材料（原味麵團 6 個）

A
| 番茄汁（無添加食用鹽）
… 60 g（約 40 度）
沙拉油… 5 g（1 小匙多一點）
乾酵母… 1 g（⅓ 小匙）

B
| 高筋麵粉… 100 g
鹽… 1 g（¼ 小匙少一點）
砂糖… 5 g（1 小匙多一點）

C
| 鮪魚罐頭（去湯汁）… 60 g
玉米粒（瀝乾）… 60 g
美乃滋… 1 大匙

作法

製作麵團

參閱 p.20～p.24。

1 切開塑膠袋，將麵團摺疊 4 次，整形成長方形。

分割·包餡

2 分割成 6 等分，分別滾圓，用手壓成直徑 8～9 cm 的圓形薄片狀。將 **C** 攪拌混合後，包入麵團中。

滾圓後壓平，由內往外延展，將麵團壓成圓形薄片狀。

將 ⅙ 份鮪魚玉米美乃滋，放在麵團中間。

從對角線方向輕拉麵團後，再往中間包起來。

繼續拉開對角線方向的麵團，往中間貼緊。

確認內餡不會漏出來，捏緊收合。

發酵

參閱
p.26～p.27

3 將麵團收口朝下，擺入平底鍋。

4 蓋上蓋子，大火加熱 10 秒，熄火後靜置約 30 分鐘。

單面烘烤

參閱p.28

5 鍋蓋繼續蓋著，大火加熱 10 秒，轉小火再加熱 10 分鐘。

太忙？通通切碎就可享用！

青花菜火腿麵包

材料（全麥麵團 6 個）

A
溫水… 60g（約40度）
沙拉油… 5g（1小匙多一點）
乾酵母… 1g（⅓ 小匙）

B
高筋麵粉… 70g
全麥麵粉（細粉）… 30g
鹽… 1g（¼ 小匙少一點）
砂糖… 5g（1小匙多一點）

C
青花菜（分切水煮後，
　切小塊）… 50g
火腿（切碎）… 2 片

作法

製作麵團

參閱 p.20～p.24。

分割・包餡

1 切開塑膠袋，將麵團摺疊4次，整形成長方形。

2 分割成4等分，分別滾圓，用手壓成直徑8～9cm的圓形薄片狀。將 C 包入麵團。

3 將麵團收口朝下，擺入平底鍋。

發酵
參閱
p.26～p.27

4 蓋上蓋子，大火加熱10秒，熄火後靜置約30分鐘。

雙面烘烤
參閱p.29

5 鍋蓋繼續蓋著，大火加熱10秒，轉小火加熱5分鐘，翻面再烘烤5分鐘。

將每片麵團分別包入青花菜和火腿（⅙分量）。

歐式馬鈴薯沙拉麵包

材料（原味麵團 6 個）

A ｜ 溫水… 60g（約40度）
　｜ 沙拉油… 5g（1小匙多一點）
　｜ 乾酵母… 1g（⅓ 小匙）

B ｜ 高筋麵粉… 100g
　｜ 咖哩粉… 1小匙
　｜ 鹽… 1g（¼ 小匙少一點）
　｜ 砂糖… 5g（1小匙多一點）

馬鈴薯沙拉…6大匙（90g）

作法

 製作麵團

參閱 p.20～p.24。

 分割・包餡

1 切開塑膠袋，將麵團摺疊4次，整形成長方形。

2 分割成6等分，分別滾圓。用手壓成直徑8～9㎝的圓形薄片狀，包入馬鈴薯沙拉。

3 將麵團收口朝下，擺入平底鍋。

 發酵
參閱 p.26～p.27

4 蓋上蓋子，大火加熱10秒，熄火後靜置30分鐘。

 單面烘烤
參閱p.28

5 鍋蓋繼續蓋著，大火加熱10秒，轉小火加熱10分鐘。

放入1大匙的馬鈴薯沙拉，依照p.79的作法，將餡料包起來。

Tips

利用多餘的馬鈴薯沙拉，就能做出烘焙店人氣麵包！上色要漂亮，訣竅在咖哩粉！

我家也有IKEA神美食！

瑞典小肉丸麵包

材料（全麥麵團6個）

A
溫水… 60g（約40度）
沙拉油… 5g（1小匙多一點）
乾酵母… 1g（⅓ 小匙）

B
高筋麵粉… 70g
全麥麵粉（細粉）… 30g
鹽… 1g（¼ 小匙少一點）
砂糖… 5g（1小匙多一點）

肉丸（市售）… 小顆6個

作法

製作
麵團
參閱 p.20～p.24。

分割・
包餡

1 切開塑膠袋，將麵團摺疊4次，整形成長方形。

2 分割成6等分，分別滾圓。用手壓成直徑8～9㎝的圓形薄片狀，包入肉丸。

3 將麵團收口朝下，擺入平底鍋。

發酵
參閱
p.26～p.27

4 蓋上蓋子，大火加熱10秒，熄火後靜置約30分鐘。

雙面
烘烤
參閱p.29

5 鍋蓋繼續蓋著，大火加熱10秒，轉小火加熱5分鐘，翻面再烘烤5分鐘。

在麵團上放1顆肉丸，並照p.79的作法包起來。如果肉汁太多，餡料會流出來，建議將多餘的肉汁淋在烤好的麵包上。

爆漿草莓QQ球

材料（鮮奶麵團 6 個）

A | 牛奶… 60g（約 40 度）
  | 沙拉油… 5g（1 小匙多一點）
  | 乾酵母… 1g（⅓ 小匙）

B | 高筋麵粉… 100g
  | 鹽… 1g（¼ 小匙少一點）
  | 砂糖… 15g（1 又 ½ 大匙）

草莓果醬… 6 小匙

※ 可依個人喜好，更換其他口味的果醬。

※ 用 Rich 類麵包（p.32）製作，也很好吃。

作法

製作麵團

參閱 p.20～p.24。

分割・包餡

1 切開塑膠袋，將麵團摺疊 4 次，整形成長方形。

2 分割成 6 等分，分別滾圓後，用手壓成直徑 8～9 ㎝的圓形薄片狀。在麵團塗上果醬，包起來。

3 將麵團收口朝下，擺入平底鍋。

發酵

參閱 p.26～p.27

4 蓋上蓋子，大火加熱 10 秒，熄火後靜置約 30 分鐘。

雙面烘烤

參閱 p.29

5 鍋蓋繼續蓋著，大火加熱 10 秒，轉小火加熱 5 分鐘，翻面再烘烤 5 分鐘。

在麵團上抹 1 小匙果醬，按照 p.79 的作法包起來。建議使用質地屬於果凍狀的果醬，會比較好收合。

Tips

果醬若在烘烤時溢出，就更像大理石麵包！

超邪惡熔岩可可包

材料（鮮奶麵團 8 個）

A ┤ 牛奶… 60 g（約 40 度）
　　沙拉油… 5 g（1 小匙多一點）
　　乾酵母… 1 g（⅓ 小匙）

B ┤ 高筋麵粉… 90 g
　　可可粉（無糖）… 10 g
　　鹽… 1 g（¼ 小匙少一點）
　　砂糖… 15 g（1 又 ½ 大匙）

巧克力片… 40 g

※ 用 Rich 類麵團（p.32）製作
也很好吃。

作法

製作
麵團
　　參閱 p.20～p.24。

分割·
包餡

1 切開塑膠袋，將麵團摺疊 4 次，
　　整形成長方形。
2 分割成 8 等分，分別滾圓。用手
　　壓成直徑 6～7 cm 的圓形薄片狀，
　　放入巧克力片，包起來。
3 將麵團收口朝下，擺入平底鍋。

發酵
參閱
p.26～p.27

4 蓋上蓋子，大火加熱 10 秒，熄火
　　後靜置約 30 分鐘。

單面
烘烤
參閱 p.28

5 鍋蓋繼續蓋著，大火加熱 10 秒，
　　轉小火加熱 10 分鐘。

在每塊麵團上，分別放上巧克力（5 g），
並依照 p.79 的作法包起來。

Tips

牛奶加上可可亞，一咬就爆漿！

手作麵包小知識 Q&A

做麵包跟做料理或點心不一樣，失敗率非常高。

在此，我將為初學者一一解惑。

如有任何問題，都可以參考這篇 Q＆A！

關於材料

Q1. 高筋麵粉與低筋麵粉有什麼不同？

A **高筋麵粉的「高」，代表麩質的強度。**

雖然兩者都是麵粉，但高筋麵粉的麩質強度（黏性）較高，發酵時所產生的二氧化碳會保留在麵團中，因此可以做出質地蓬鬆的麵包。為了能讓第一次做麵包的人也能輕易上手，55 分鐘麵包用的是高筋麵粉，25分鐘麵包則是用低筋麵粉。

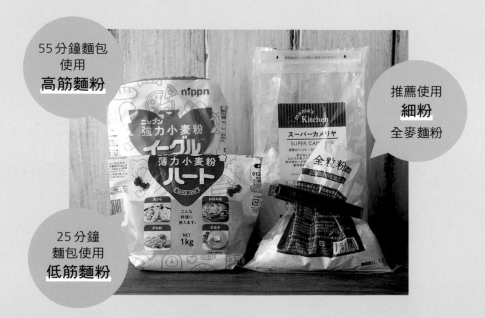

55 分鐘麵包
使用
高筋麵粉

推薦使用
細粉
全麥麵粉

25 分鐘
麵包使用
低筋麵粉

Q2. 什麼是全麥麵粉？

A **連同小麥殼與胚芽
整顆磨成粉。**

全麥麵粉是連同小麥殼與胚芽
整顆研磨成粉的麵粉。因富含
膳食纖維、維他命及礦物質，
營養價值很高。全麥麵粉還有
分「粗粉」和「細粉」，粗全
麥粉的風味雖然不錯，但膨脹
效果稍差，因此本書使用細的
全麥粉。

Q3. 可以使用
超市販售的材料嗎？

A **一般市售麵粉即可。**

請放心，平價麵粉就能做出美
味麵包。畢竟是每天都會做的
麵包，所以不建議用特殊材
料。不費時、不費力，輕鬆好
做的麵包，才是第一考量！

Q4. 為什麼要
加鹽和砂糖？

A **鹽具有穩定麩質的功能，
砂糖可幫助麵包發酵。**

鹽巴具有穩定麩質、緊實麵團
的功能。砂糖可以協助酵母發
酵，使麵包更具色澤與香味。
本書使用的鹽是粗鹽，砂糖則
選用日本上白糖（按：日本
特產的砂糖，類似臺灣的細砂
糖）。選擇平時烹飪常用的調
味料即可。

Q5. 牛奶或果汁也能
當作麵團的水分嗎？

A **只要重量維持不變，
各類液體都 OK。**

基本上，溫水可用牛奶、豆
乳、咖啡歐蕾、番茄汁、蔬菜
汁替代，也可以混合溫水與蛋
液，只要總重量不變就沒問
題。藉由改變水分的材料，也
能享受不同的麵包色澤與獨特
風味。

Q6. 為什麼要放油？ 該用哪種油比較好？

A 油可以增加延展性， 避免麵團變硬。

油脂可增加麵團的延展性，避免麵包因水分蒸發而變硬。一般是在做出麩質蛋白後再加入油脂，但我建議一開始就將油水混合，做起來比較簡單，也不容易失敗。

✓

盡情使用 喜歡的食用油吧！

奶油… 風味有層次。
沙拉油… 清爽口感。
橄欖油… 增加香氣。

Q7. 放很久的麵粉 還可以使用嗎？

A 建議常溫 1～2 個月， 冷凍保存 1 年。

麵粉常溫保存可放置 1～2 個月。因麵粉容易受潮，請放入密封容器或密封袋中保存，或是放入乾燥劑。冷凍保存的話，最好在 1 年內使用完畢。此外，麵粉很容易結塊，使用時要快速取放！所以，如果買了大袋包裝，分成小包裝冷凍會更方便。

✓

注意！

使用冷凍的高筋麵粉會降低發酵速度，因而無法做出 55 分鐘麵包。建議算好用量後，稍微靜置，將麵粉放至常溫。

Q8. 乾酵母與泡打粉有什麼差別？

A 口感不一樣。

乾酵母是乾燥後的新鮮酵母所製成的顆粒狀酵母。乾酵母加水發酵後，可以做出 Q 彈蓬鬆的麵包；而泡打粉經常用於製作點心，是一種膨脹劑。泡打粉具有受熱反應並膨脹的特性，口感比較酥脆。

Q9. 乾酵母和泡打粉可以常溫保存嗎？

A 開封後請盡速使用或分裝。

開封後的乾酵母，建議在未活化的狀態下冷凍保存。泡打粉可以常溫保存，但放太久就會失去發酵的作用，這點需多加注意。如果平常很少使用，建議選擇每包3～4g的分裝款，就可以保存比較久。

55分鐘麵包
使用**乾酵母**

開封後
冷凍保存

※一定要
確實密封！

25分鐘麵包
使用**泡打粉**

常溫保存
也OK

※請在
保存期限內
使用完畢！

關於製作方法

Q10. 乾酵母和泡打粉可以常溫保存嗎？

A 只要能讓袋子微微膨起，薄的也可以。

塑膠袋厚度有0.01㎜、0.02㎜這兩種（按：臺灣市售塑膠度一般為0.03㎜），不論選哪一種都有沒問題。將材料混合後搖勻時，只要袋子不會膨脹得太緊繃，稍微留點空間，就不用擔心會破掉。

Q11. 塑膠袋破掉了！

Ⓐ **不要著急！
再套一層袋子！**

塑膠袋在製作過程中破掉了，再套一層袋子就好。不要著急，繼續製作麵團吧！

Q12. 沒想到只有揉捏1分鐘也會手痠……

Ⓐ **這表示你很努力揉麵團！
請堅持下去。**

雖然揉捏麵團只要1分鐘，但其實一點都不簡單。55分鐘麵包只要混合揉捏3分鐘就好，請堅持努力下去！但要注意，不能讓麵團太溼或太乾硬，一定要揉捏均勻。

Q13. 100g的粉類可以改成200g嗎？

Ⓐ **分量加倍也OK！
還能開兩個瓦斯爐製作。**

想吃更多麵包時，可以增加所有材料的分量。如果有兩個瓦斯爐火、兩只平底鍋的話，就能做出兩種麵包！在過程中，不僅不會手忙腳亂，還能持續烘烤，這就是55分鐘麵包的優點。

Q14. 用手沾些防沾用手粉，就不會沾黏麵團？

Ⓐ **因為水分或溼度的不同，
麵團有時會很黏手。**

因為水分或溼度的不同，麵團有時會很黏手。尤其是有加蛋的麵團更容易沾黏。這時只要用手沾取一層薄薄的高筋麵粉，摸起來就不會黏黏的。但手粉用量如果太多，可能會造成麵團過硬，要多加注意。

Q15. 包餡料，
做起來好困難……

Ⓐ 餡料溢出來依然好吃，
這也是手作麵包的優點！

含有水分或湯汁的餡料會讓麵團過軟，不容易包起來。包餡的技巧在於確實延展麵團。不過，就算餡料溢出來，也不必當成失敗品，直接放入平底鍋煎烤就可以了。待麵包烤好，一樣香氣四溢！

Q16. 麵團發酵後
卻沒什麼膨脹？

Ⓐ 訣竅在於，讓酵母在適當的溫度下發酵。

溫水建議溫度為40℃左右。酵母對溫度十分敏感，溫度超過50℃會降低其活性，60℃則會死亡，需要多加注意。此外，由於酵母不耐低溫，冰過的高筋麵粉需要更長的發酵時間。乾酵母或泡打粉放太久，也可能造成膨脹效果不佳。

Q17. 超過發酵時間，
怎麼辦？

Ⓐ 超過一下沒關係，
介意的人可以雙面烘烤。

55分鐘麵包是以走捷徑的方式來發酵，所以超過一點時間沒有關係！如果遇到麵團因過度發酵而出現塌陷的情況，只要雙面烘烤就行了。建議發酵時間為35分鐘。氣溫、粉類溫度、水溫等條件，都會使麵團產生些許變化，如果能以肉眼確認膨脹情形，就能成為麵包達人！

Q18. 麵團可以
冷藏保存嗎？

Ⓐ 55分鐘麵包不行，
但25分鐘麵包可以！

因為55分鐘麵包要在1小時內烘烤完成，因此麵團不適合放冷藏保存。不過，25分鐘麵包的麵團，可以冷藏2～3天（請參閱 p.135）。如果打算前一天先做好麵團，隔天再烘烤的話，就可以先將麵團冷藏起來。

Q19. 平底鍋和烤箱有什麼差別？

A 蒸烤方式可做出Q彈酥脆的麵包。

蓋上鍋蓋烘烤時，蒸氣可幫助麵團快速膨脹，讓麵包口感外酥內軟。此外，平底鍋也能當作模具，用來維持麵團形狀，不必擔心餡料融化或溢出來，非常適合初學者。

Q20. 是因為火力太強嗎？ 麵包烤焦了……

A 使用高筋麵粉時，請維持小火。

麵粉中蛋白質含量越高，烤出來的色澤越明顯；所以，以大火烘烤時，高筋麵粉比較容易烤焦。因此，製作55分鐘麵包時，建議以小火烘烤。另外，增加麵團中的砂糖量，烘焙時也較容易上色。

25分鐘麵包，以稍弱的中火烘烤。

55分鐘麵包，以小火烘烤。

夾心麵包

麵包捲

飯糰麵包

Part 3

吃了也不會胖的午茶小輕食

除了前面介紹到的手撕包,

3種麵團還能隨心所欲的變換造型:

餡餅、麵包捲、飯糰、貝果、炸麵包或甜甜圈……

新手也能做出烘焙店的冠軍美味麵包!

貝果

炸麵包

夾心麵包

配料含有水分的話，會導致麵團過軟，
所以製作時，一定要將配料充分瀝乾。
從發酵到包好配料，只要35分鐘。

超銷魂附餐！

日式卡滋酥脆可樂餅

材料（原味麵團 1 個）

A
溫水… 60g（約40度）
沙拉油… 5g（1小匙多一點）
乾酵母… 1g（⅓ 小匙）

B
高筋麵粉… 100g
鹽… 1g（¼ 小匙少一點）
砂糖… 5g（1小匙多一點）

可樂餅（市售）… 1個
高麗菜（切絲）… 20g
豬排醬… 適量

作法

製作麵團

參閱 p.20～p.24。

1 切開塑膠袋，將麵團摺疊4次，整形成長方形。

2 將麵團分成2等分，分別滾圓後，用手壓平延展。將其中一片麵團放入平底鍋，稍微拉開。依序擺上高麗菜、可樂餅，抹上醬汁，最後再黏合另一片麵團。

分割·夾入材料

將麵團分別滾圓。用手壓平，增加麵團的延展性。

麵團放入平底鍋後，繼續延展至10～11cm。

分割·
夾入材料

先鋪上些許高麗菜絲，方便後續　　將邊緣面皮壓齊並捏緊。
放入材料。

發酵

參閱
p.26～p.27

3 蓋上蓋子，大火加熱 10 秒，熄火後靜置約 35 分鐘。

雙面
烘烤

參閱p.29

4 鍋蓋繼續蓋著，大火加熱 10 秒，轉小火加熱 5 分鐘，翻面再烘烤 5 分鐘。可依喜好切成合適的大小。

Tips

分量非常多的夾心麵包，熱量全部補回來！

法式雙層焦糖蘋果派

材料（Rich 類麵團 1 個）

A
蛋黃 1 個＋溫水… 總共 60g
無鹽奶油… 10g
（若使用有鹽奶油，則減少
鹽巴分量）
乾酵母… 1g（⅓ 小匙）

B
高筋麵粉… 100g
鹽… 1g（¼ 小匙少一點）
砂糖… 20g（1 小匙多一點）

蘋果（切成厚度 3㎜）… ½ 個
白色砂糖… 2 小匙

※將蛋黃與奶油放至常溫，或是提高
溫水的溫度；**A** 混合後，水溫至少要
35℃。

作法

製作麵團
參閱 p.20～p.24。

1 切開塑膠袋，將麵團摺疊 4 次，整形成長方形。

2 分成 2 等分，分別滾圓。用手壓平後，將其中一片麵團放入平底鍋，稍微
拉開。放上一半的蘋果片，撒上半份砂糖。接著蓋上另一片麵團，放上剩
餘的蘋果片，撒上砂糖。

分割‧夾入材料

在麵團上，放入半份蘋果片，
並撒上砂糖。

蓋上另一片麵團，再放上剩下的
材料。

發酵

參閱
p.26～p.27

3 蓋上蓋子，大火加熱10秒，熄火後靜置約35分鐘。

▼

**雙面
烘烤**

參閱p.29

4 鍋蓋繼續蓋著，大火加熱10秒，轉小火加熱5分鐘，翻面再烘烤5分鐘。可依喜好切成合適的大小。

Tips ————

雙面烘烤時，因表面較容易烤焦，翻面加熱要縮短烘烤時間。

超開胃雙重海味，和味噌湯超搭！

海苔鹽味吻仔魚燒餅

材料（原味麵團 1 個）

A
| 溫水… 60 g（約 40 度）
| 沙拉油… 5 g（1 小匙多一點）
| 乾酵母… 1 g（⅓ 小匙）

B
| 高筋麵粉… 100 g
| 鹽… 1 g（¼ 小匙少一點）
| 砂糖… 5 g（1 小匙多一點）

烤海苔（完整形狀）… ½ 片
吻仔魚乾… 10 g
醬油… 適量

作法

製作麵團

參閱 p.20～p.24。

分割・夾入材料

1 切開塑膠袋，將麵團摺疊 4 次，整形成長方形。

2 分割成 2 等分，分別滾圓。用手壓平延展，將其中一片麵團放入平底鍋，稍微拉開。依序放上對半切的海苔、吻仔魚，淋一圈醬油並鋪上剩餘的海苔，再黏合另一片麵團。

發酵

參閱 p.26～p.27

3 蓋上蓋子，大火加熱 10 秒，熄火後靜置約 35 分鐘。

雙面烘烤

參閱 p.29

4 鍋蓋繼續蓋著，大火加熱 10 秒，轉小火加熱 5 分鐘，翻面再烘烤 5 分鐘。可依喜好切成合適的大小，也可以淋上些許醬油。

將海苔對半切後，放入吻仔魚。

在上方疊加另一片麵團。

淋上橄欖油，一秒到義大利！

懶人版起司佛卡夏

材料（原味麵團 1 個）

A｜溫水… 60 g（約40度）
　｜沙拉油… 5 g（1小匙多一點）
　｜乾酵母… 1 g（⅓ 小匙）

B｜高筋麵粉… 100 g
　｜鹽… 1 g（¼ 小匙少一點）
　｜砂糖… 5 g（1小匙多一點）

莫札瑞拉起司… 30 g
橄欖油… 1 大匙

作法

製作麵團
參閱 p.20～p.24。

分割·夾入材料

1 切開塑膠袋，將麵團摺疊4次，整形成長方形。

2 分割成2等分，分別滾圓。用手壓平延展，將其中一片麵團放入平底鍋，稍微拉開，隨意撒上莫札瑞拉起司。接著，黏合另一片麵團。在麵團外層繞圈淋上橄欖油，再用手指戳幾個洞。

發酵
參閱
p.26～p.27

3 蓋上蓋子，大火加熱10秒，熄火後靜置約35分鐘。

雙面烘烤
參閱p.29

4 鍋蓋繼續蓋著，大火加熱10秒，轉小火加熱5分鐘，翻面再烘烤5分鐘。可依喜好切成合適的大小，再淋上橄欖油（額外分量）。

隨意撕開莫札瑞拉起司，撒在麵團上。

用手指戳幾個洞。

芝麻紅豆燒餅

材料（鮮奶麵團 1 個）

A
牛奶⋯ 60 g（約 40 度）
沙拉油⋯ 5 g（1 小匙多一點）
乾酵母⋯ 1 g（⅓ 小匙）

B
高筋麵粉⋯ 100 g
鹽⋯ 1 g（¼ 小匙少一點）
砂糖⋯ 15 g（1 又 ½ 大匙）

紅豆餡⋯ 100～150 g
焙煎黑芝麻⋯ 適量

※ 依喜好選擇紅豆餡（按：有顆粒的內餡）或紅豆泥。

作法

製作麵團

參閱 p.20～p.24。

1 切開塑膠袋，將麵團摺疊 4 次，整形成長方形。

2 取出麵團，分割成 2 等分，分別滾圓。用手壓平延展，將其中一片麵團放入平底鍋，稍微拉開，抹上紅豆餡。接著，蓋上另一片麵團，撒上黑芝麻。

分割・夾入材料

將紅豆餡塗抹在麵團上，接近麵包的大小。

蓋上另一片麵團，接著撒上滿滿的黑芝麻！

發酵

參閱
p.26～p.27

▼

雙面
烘烤

參閱p.29

3 蓋上蓋子，大火加熱 10 秒，熄火後靜置約 35 分鐘。

4 鍋蓋繼續蓋著，大火加熱 10 秒，轉小火加熱 5 分鐘，翻面再烘烤 5 分鐘。可依喜好切成合適的大小。

Tips

不管是紅豆餡還是紅豆泥，滿滿紅豆甜到你心裡！

搭配顆粒芥末醬
瞬間變成大人風味！

培根麥穗麵包捲

材料（原味麵團 1 個）

A
| 溫水… 60g（約40度）
| 沙拉油… 5g（1小匙多一點）
| 乾酵母… 1g（⅓ 小匙）

B
| 高筋麵粉… 100g
| 鹽… 1g（¼ 小匙少一點）
| 砂糖… 5g（1小匙多一點）

培根（縱切一半）… 1 片
披薩調理專用乳酪絲… 20g
顆粒芥末醬… 適量

作法

製作麵團

參閱 p.20〜p.24。

1 切開塑膠袋，將麵團摺疊4次，整形成長方形。

2 分割成2等分，分別滾圓。用桿麵棍桿成長方形，放上培根和乳酪絲，並塗抹顆粒芥末醬。

分割‧夾入材料

用桿麵棍桿成長方形，和培根長度等寬。

放上10g的起司和培根，抹上顆粒芥末醬。

從寬的一邊捲起來，黏緊收合，做成棒狀。

用水將剪刀稍微沾溼，斜著剪出切口，使麵團呈左右交錯麥穗的形狀。

3 將麵團繞圈放入平底鍋（直徑20cm）。

切口朝外，以繞圈的方式放入平底鍋。

第2條在第1條外圍繞一圈。

發酵

參閱
p.26～p.27

4 蓋上蓋子，大火加熱10秒，熄火後靜置約30分鐘。

雙面
烘烤

參閱p.29

5 鍋蓋繼續蓋著，大火加熱10秒，轉小火加熱5分鐘，翻面烘烤5分鐘。

簡易版手撕焦糖肉桂捲

扭轉麵團，
烤出香氣撲鼻的
肉桂蜜糖。

材料（鮮奶麵團 3 個）

A	牛奶… 60 g（約40度） 沙拉油… 5 g（1小匙多一點） 乾酵母… 1 g（⅓ 小匙）

B	高筋麵粉… 100 g 鹽… 1 g（¼ 小匙少一點） 砂糖… 15 g（1又 ½ 大匙）

肉桂粉… ½ 小匙
白砂糖… 2 小匙

※ 也可以使用 Rich 類麵團（p. 32）
製作。

作法 ─────────

製作
麵團

參閱 p. 20～p. 24。

⋯⋯⋯⋯⋯⋯⋯⋯⋯⋯⋯⋯⋯⋯⋯⋯⋯⋯⋯⋯⋯⋯⋯⋯⋯⋯⋯⋯⋯⋯⋯⋯

1 切開塑膠袋，將麵團摺疊4次，整形成長方形。

2 分割成3等分，分別滾圓。用桿麵棍桿成長片狀，撒上肉桂粉和白砂糖，
包起來。用刀子切出開口並扭轉。

分割•
夾入材料

將麵團桿成 13～15 cm的長片狀。

分別撒上 ⅓ 份肉桂粉和白砂糖。

分割・夾入材料

將上下兩邊的麵團往中間黏合，做成棒狀。

將麵團收口朝下，用刀子在中央切出開口。

3 將麵團繞圈放入平底鍋（直徑20cm）。

將其中一端的麵團穿過洞口，捏起最上端麵團（由下往上從割口處穿過）。

將麵團繞圈擺入平底鍋。

發酵

參閱
p.26～p.27

4 蓋上蓋子，大火加熱10秒，熄火後靜置約30分鐘。

雙面烘烤

參閱p.29

5 鍋蓋繼續蓋著，大火加熱10秒，轉小火加熱5分鐘，翻面再烤5分鐘。

Tips

分3等分，就能做出市售肉桂捲！

飯糰麵包

將圓圓的麵團包成三角形，
就變成超可愛的飯糰！
很適合搭配梅乾或鮭魚等配菜。

日式梅乾

不只是外型可愛！
不像白飯容易壞掉，
好入口也是魅力所在！

鰹魚乾
炸雞
鮭魚
明太子

連大人都說好可愛！

三角海苔飯糰麵包

材料（原味麵團 1 個）

A ┃ 溫水… 60g（約40度）
　┃ 沙拉油… 5g（1小匙多一點）
　┃ 乾酵母… 1g（⅓ 小匙）

B ┃ 高筋麵粉… 100g
　┃ 鹽… 1g（¼ 小匙少一點）
　┃ 砂糖… 5g（1小匙多一點）

日式梅乾（去籽）、鮭魚、明太子、
鰹魚乾、炸雞塊等配料
　… 各適量
烤海苔（3×8cm）… 6片

作法

製作麵團

參閱 p.20～p.24。

1 切開塑膠袋，將麵團摺疊4次，整形成長方形。

分割‧夾入材料

2 分割成6等分，分別滾圓。用手壓平，放上喜歡的材料，包成三角形，貼上海苔。

用手延伸麵團，做成直徑8～9cm的圓形，放上材料。

從上端的左右兩邊開始收合。

將下端往上拉，在正中間收合，做成三角形。

將麵團收口朝下，用手壓平。在海苔下方保留1cm（預留膨脹空間），貼在麵團上。

3 將麵團以放射狀放入平底鍋（直徑20cm）。

呈放射狀擺入平底鍋，放起來剛
剛好！

發酵

參閱
p.26～p.27

4 蓋上蓋子，大火加熱10秒，熄火後靜置約30分鐘。

雙面
烘烤

參閱p.29

5 鍋蓋繼續蓋著，大火加熱10秒，轉小火加熱5分鐘，翻面再烤5分鐘。

貝果

以直接加水蒸烤，取代一般的作法（用滾水燙煮再烘烤）！平底鍋也能做出簡單版貝果！
（按：熱水會穿透這些顆粒，使貝果膨脹，更有嚼勁）

可自由變換配料，
用餡料麵包（p.52～p.70）
製作也OK！

少油也能做出 Q 彈口感！

原味迷你貝果

材料（原味麵團 4 個）

A
溫水… 60 g（約 40 度）
沙拉油… 5 g（1 小匙多一點）
乾酵母… 1 g（⅓ 小匙）

B
高筋麵粉… 100 g
鹽… 1 g（¼ 小匙少一點）
砂糖… 5 g（1 小匙多一點）

作法

製作麵團

參閱 p. 20～p. 24。

1 切開塑膠袋，將麵團摺疊 4 次，整形成長方形。

2 將麵團分成 4 等分，分別滾圓後壓平。用桿麵棍桿成橢圓形，捲成棒狀，將長度延伸至 15 cm。用桿麵棍壓扁前端，包覆另一端後，將整條圍成圓圈狀。

分割‧整形

將麵團桿成 12～13 cm 的橢圓形，捲起來。

用手搓成 15～16 cm 的棒狀。

分割‧
整形

用桿麵棍壓扁前端。

將壓扁的一端包覆另一端，揉捏
收合，將整條圍成圓圈狀。

3 將麵團分別放在烘焙紙上，擺入平底鍋（直徑20㎝）。

發酵

參閱
p.26～p.27

4 蓋上蓋子，大火加熱10秒，熄火後靜置約30分鐘。

蒸烤

5 加入4大匙的水，大火加熱至沸騰後蓋上蓋子，轉小火加熱10分鐘。取
下鍋蓋後，如果有殘留水分，繼續加熱直到水分蒸發。最後，將烘焙紙取
出。

分別在每一塊貝果上，加入1大
匙的水。

Tips

請注意，過度發酵會烤出萎
縮的貝果，看起來皺皺的！

在平底鍋中，倒入深度約 1 ㎝的油量，
並將雙面烘烤至整體熟透。
若火力太強容易烤焦，請維持小火。

胖胖的葉子
形狀真可愛！
也可以使用乾咖哩
或肉醬當作內餡。

免揉咖哩麵包

材料（原味麵團 6 個）

A
| 溫水… 60g（約40度）
| 沙拉油… 5g（1小匙多一點）
| 乾酵母… 1g（⅓ 小匙）

B
| 高筋麵粉… 100g
| 鹽… 1g（¼ 小匙少一點）
| 砂糖… 5g（1小匙多一點）

咖哩（市售或自製）… 6大匙
炸油… 適量

※ 可將食用油冷卻凝固。

作法

製作麵團

參閱 p. 20～p. 24。

1 切開塑膠袋，將麵團摺疊4次，整形成長方形。

2 分割成6等分，分別滾圓。壓平後，放入咖哩，將上下兩邊的麵團黏緊收合，於表面加水，並撒上麵包粉。

分割・整形

將麵團延展成直徑8～9cm的圓形，放上1大匙咖哩。

將麵團上下兩端往中間收合，做成葉子的形狀。

分割·
整形

於表面沾水。

將麵團收口朝下，撒上麵包粉。

3 擺入平底鍋（直徑 20 cm）。

發酵

參閱
p.26～p.27

4 蓋上蓋子，大火加熱 10 秒，熄火後靜置約 30 分鐘。發酵完成後，從平底鍋中取出。

半煎炸

5 在平底鍋倒入一層油，開火熱油。熱好油後，放入 3 個咖哩麵團（步驟 4），先以小火單面炸 3～4 分鐘，翻面再炸 3～4 分鐘，即可炸出金黃酥脆的外皮。

炸好一面後再翻面。立起麵團，
將側面上色。

原味砂糖

黃豆粉糖

古早懷舊風味
黃豆粉炸麵包

巧克力&巧克力米

低糖巧克力米甜甜圈

材料（原味麵團 6 個）

A
| 溫水⋯ 60g（約 40 度）
| 沙拉油⋯ 5g（1 小匙多一點）
| 乾酵母⋯ 1g（⅓ 小匙）

B
| 高筋麵粉⋯ 100g
| 鹽⋯ 1g（¼ 小匙少一點）
| 砂糖⋯ 5g（1 小匙多一點）

砂糖、黃豆粉、巧克力、巧克力米
　⋯ 各適量
油炸油⋯ 適量

※ 準備高筋麵粉 90g、可可粉 10g，
就能做出可可麵團。用 Rich 類麵團
（p.32）製作，口感會更甜、更脆。
可依自己的喜好選擇麵團。

作法

製作麵團

參閱 p.20～p.24。

1 切開塑膠袋，將麵團摺疊 4 次，整形成長方形。

2 分割成 6 等分，滾圓後壓平。用手指在麵團中間戳一個洞，再用食指旋轉出一個小圈，做成甜甜圈的形狀。

分割・整形

壓平麵團，用手指戳一個洞。

兩根食指穿過去，順時鐘轉動並擴大洞口。

分割・整形

3 在每個麵團下方，分別墊一片料理紙，放入平底鍋（直徑20㎝）。

在底部鋪上料理紙，不加蓋子直接發酵！讓麵團更加乾燥，上色就能更漂亮。

發酵

參閱
p.26～p.27

4 不需要加蓋烘烤，大火加熱10秒，熄火後靜置30分鐘。完成發酵後，取出麵團。

5 在平底鍋倒入一層覆蓋底部的油炸油，開始熱油。加熱後，放入3個甜甜圈（步驟4），中途取出料理紙。以小火單面油炸3～4分鐘，翻面再炸3～4分鐘，就能炸至金黃酥脆。其餘麵團也以同樣的方式油炸。

半煎炸

在油炸過程中，快速抽出料理紙。

炸好後再翻面。將甜甜圈立起，將側面烤成焦色。

最後裝飾

第1款　原味砂糖。
第2款　黃豆粉與砂糖比例為 2：1，鋪滿甜甜圈。
第3款　淋上融化的巧克力，撒上七彩巧克力米。

（見p.125）

烘焙小教室
料理紙 VS. 烘焙紙

料理紙（烹飪專用紙）可用於蒸、烤、微波、冷凍等烹飪場合；烘焙紙通常置於烤盤或模具底部，可以起到防黏、便於脫模的效果。

Tips

一般多使用高筋或中筋麵粉，若偏好口感較硬的，也可不加酵母。利用發酵製作，口感超級鬆軟！

披薩

烤餅

帕里尼

Part 4

免發酵，25分速成！

披薩、烤餅、帕里尼、煎包、派對小點心

利用泡打粉使麵團膨脹，能省略發酵並加快製作速度！

這裡要介紹的是免發酵的麵團作法。

從備料到起鍋，15分鐘～25分鐘就可以完成！

煎包

派對小點心

基本材料與工具

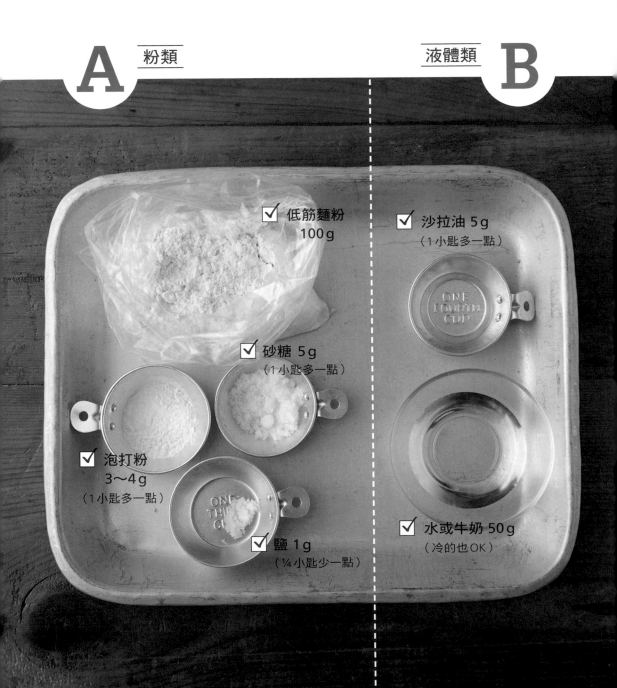

A　粉類

- ☑ 低筋麵粉 100 g
- ☑ 砂糖 5 g（1 小匙多一點）
- ☑ 泡打粉 3～4 g（1 小匙多一點）
- ☑ 鹽 1 g（¼ 小匙少一點）

B　液體類

- ☑ 沙拉油 5 g（1 小匙多一點）
- ☑ 水或牛奶 50 g（冷的也 OK）

25分鐘麵包的作法

步驟 1 混合材料

混合 A

● 低筋麵粉
　… 100g
● 砂糖
　… 5g（1小匙多一點）
● 泡打粉
　… 3～4g
● 鹽
　… 1g（¼小匙少一點）

將 A 放入塑膠袋，
用手揉捏混合。

在 A 中，加入 B

● 沙拉油
　… 5g（1小匙多一點）
● 水或牛奶
　… 50g（冷的也OK）

加入水或牛奶，
再加入沙拉油。

步驟 2 搖晃 1 分鐘

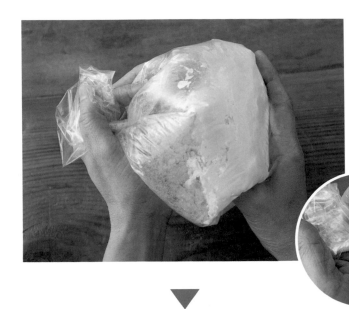

慢慢增加袋內的空氣，將袋口扭轉，用力搖一搖！

扭轉

液體和粉類會在 1 分鐘後，變成塊狀的麵團。

步驟 **3** 雙手揉捏 **1** 分鐘

將溼黏和乾硬的麵團，
仔細揉捏均勻。

步驟 **4** 拳頭按壓 **1** 分鐘

握拳做出貓爪的姿勢，
用力按壓麵團。

步驟 5 摺疊 4 次

切開塑膠袋，將麵團對折。

用塑膠袋揉捏麵團，手就不會沾到麵粉！

靜置休息

再對折1次。

按壓揉捏，重複操作2次。

冷藏可保存2～3天

用塑膠袋包起來，讓麵團鬆弛（按：滾圓過後的麵團，麵筋彈力過強，並不利於整形，因此需要透過醒發使麵團鬆弛）。在等待的這段時間，可用來準備其他食材。

若當天沒有要現吃，也可以將麵團放進冰箱冷藏，隔天早上只要送進烤箱，就能吃到熱騰騰的麵包。

步驟 6 分割・滾圓

取出麵團，用刀子切出所需數量。

用手壓平麵團，將對角方向的兩邊麵團，往中間捏緊收合（參閱 p.27）。

比煮飯還要快！自製簡單烤餅

材料（長度 15 cm × 4 片）

A
低筋麵粉… 100 g
泡打粉… 3～4 g（1 小匙）
鹽… 1 g（¼ 小匙少一點）
砂糖… 5 g（1 小匙多一點）

B
水（冷水也 OK）… 50 g
沙拉油… 5 g（1 小匙多一點）

作法

製作
麵團

參閱 p. 130～p. 136。

1 分割成 4 等分，分別滾圓。壓平後，用桿麵棍壓成圓錐狀，放入平底鍋（直徑 20 cm）。

分割・
整形

將麵團壓平，將上下兩邊往中間收合，做出圓錐狀。

用雙手搓揉，延展麵團的前端，用桿麵棍拉長至 18 cm。

2 以較弱的中火加熱3分鐘，翻面再烤3分鐘（不加蓋）。其餘麵團以同樣的方式煎烤。可以沾咖哩吃！

雙面
烘烤

製作25分鐘麵包時，不必加蓋
烘烤。

Tips
用圓錐形麵團做成烤餅，比
煮飯還快！

又薄又脆，
披薩邊嚼勁豐富，
給你多層次的口感！

沙樂美義大利香腸披薩

材料（直徑 13～14 cm × 2 片）

A
低筋麵粉… 100 g
泡打粉… 3～4 g（1小匙）
鹽… 1 g（¼ 小匙少一點）
砂糖… 5 g（1小匙多一點）

B
水（冷水也OK）… 50 g
橄欖油… 5 g（1小匙多一點）

莎樂美腸（即義大利香腸，切薄片）、
青椒（切輪狀）、披薩醬、
披薩調理專用乳酪絲… 各適量

作法

製作麵團

參閱 p.130～p.136。

分割・整形

1 分割成2等分，分別滾圓後壓平。放入平底鍋（直徑20 cm），將麵團拉成薄片，並做出稍微凸起的披薩邊。

將麵團壓成薄片，邊緣保留約1 cm 的寬度，讓披薩邊稍微凸出來。

2 以較弱的中火加熱 3 分鐘，翻面再烘烤 3 分鐘（不加蓋）。

3 再次翻面，塗上醬汁，放入莎樂美腸、青椒和乳酪絲。蓋上蓋子，以小火煎烤至乳酪絲融化。其餘麵團也以同樣的方式煎烤。

※ 依個人喜好，也可使用直徑 26 cm 的平底鍋。

雙面
烘烤

煎烤翻面後，麵團會形成平坦的表面。再次翻面煎烤。

有披薩邊的那面朝上，放上配料後加蓋烘烤。

香甜多汁！水果卡士達披薩

材料（直徑 8〜9 ㎝ × 4 片）

A
| 低筋麵粉… 100g
| 泡打粉… 3〜4g（1 小匙）
| 鹽… 1g（¼ 小匙少一點）
| 砂糖… 5g（1 小匙多一點）

B
| 水（冷水也 OK）… 50g
| 橄欖油… 5g（1 小匙多一點）

喜歡的水果… 適量
微波版卡士達醬（參閱下頁）… 適量

作法

製作麵團

參閱 p. 130〜p. 136。

1　分割成 4 等分，分別滾圓後壓平。將麵團鋪在平底鍋底部，拉成薄片（直徑 20 ㎝的鍋款），並做出稍微凸起的披薩邊。

分割·整形

2　以較弱的中火加熱 3 分鐘，翻面再烘烤 3 分鐘（不加蓋）。其餘麵團以同樣的方式煎烤。

3　披薩邊朝上，塗上卡士達醬。接著，將切成容易入口大小的水果放上去，也可以用一些香草裝飾。

雙面烘烤

直徑 20 ㎝的鍋子，剛好可以放 2 片麵團。直徑 26 ㎝的鍋子，則可以一次烤 4 片。

烘焙小教室
微波版卡士達醬的作法

材料（容易製作的分量）

A
| 雞蛋… 1 顆
| 牛奶… 200 ㎖
| 砂糖… 4 大匙

B
| 低筋麵粉… 2 大匙
| 香草精… 3～4 滴

作法

1　在耐熱容器中，依序加入雞蛋、砂糖、過篩的低筋麵粉、牛奶，並充分攪打。

2　不用覆蓋保鮮膜，用微波爐（600Ｗ）加熱2分鐘，取出拌勻。再加熱1分鐘，取出拌勻。繼續加熱1分鐘，待蛋黃糊融成濃稠狀後，混入香草精。蓋緊保鮮膜，放上保冷劑並放涼。

一人食！生火腿沙拉披薩

材料（直徑 13～14cm×2 片）

A
低筋麵粉… 100g
泡打粉… 3～4g（1小匙）
鹽… 1g（¼ 小匙少一點）
砂糖… 5g（1小匙多一點）

B
水（冷水也OK）… 50g
橄欖油… 5g（1小匙多一點）

綜合沙拉、小番茄（切4塊）、
生火腿、莫札瑞拉起司（撕開）
… 各適量
法式沙拉醬（市售）… 適量

作法

製作
麵團

參閱 p.130～p.136。

分割·
整形

1 分割成2等分，分別滾圓。壓平後，放入平底鍋（直徑20cm），拉成薄片，並做出稍微凸出的披薩邊。

雙面
烘烤

2 以較弱的中火加熱3分鐘，翻面再加熱3分鐘（不加蓋）。其餘麵團也以相同方式煎烤。將披薩邊朝上，擺入盤中。

3 將市售沙拉醬拌入配料，擺在 **2** 的上面。

※ 也可使用直徑26cm的平底鍋。

披薩烤好之後，可加入喜歡的配料。

帕里尼是發源於義大利的熱壓三明治。
如果沒有熱壓麵包機,也可以用平底鍋代替!
只要用料理長筷,就能做出帕里尼特有的壓紋。

方便煎烤的薄麵團,
好拿又好入口。

親子共食秒殺！

火腿起司帕里尼

材料（直徑18～20cm×2片）

A
| 低筋麵粉… 100g
| 泡打粉… 1小匙（3～4g）
| 鹽… 1g（¼ 小匙少一點）
| 砂糖… 5g（1小匙多一點）

B
| 牛奶（冷的也OK）… 50g
| 沙拉油… 5g（1小匙多一點）

里肌火腿… 適量
起司片（可融化）… 2片

作法

製作麵團

參閱 p.130～p.136。

1 分割成2等分，分別滾圓。壓平後，用桿麵棍桿成橢圓形，包入火腿和起司。繼續延展麵團，用料理長筷壓出紋路，放入平底鍋（直徑20cm）。

分割‧整形

放入火腿，將起司切半，橫向排成長方形。

將麵團上下兩端往中間捏緊收合。

將麵團收口朝下，用桿麵桿成薄　　用料理筷壓出紋路。用力往下壓！
片，拉長至 18～20 cm。

2 以較弱的中火加熱 3 分鐘，翻面再烘烤 3 分鐘（不加蓋）。

雙面
烘烤

放入平底鍋煎烤。

沙拉黃金組合！

酪梨鮮蝦沙拉帕里尼

材料（直徑 15～16 cm× 1 個）

A
低筋麵粉… 100 g
泡打粉… 3～4 g（1 小匙）
鹽… 1 g（¼ 小匙少一點）
砂糖… 5 g（1 小匙多一點）

水煮蝦仁… 5 條
酪梨（切薄片）… ½ 個
美乃滋… 2 小匙

B
牛奶（冷水也 OK）… 50 g
橄欖油… 5 g（1 小匙多一點）

作法

製作麵團

參閱 p. 130～p. 136。

1 分割成 2 等分，分別滾圓。用手壓平，做成橢圓形片狀，將其中一片壓出紋路。

分割・整形

2 依序在平底鍋（直徑 20 cm），放入壓好紋路的麵團、酪梨、蝦仁，以及抹上美乃滋。接著，疊上另一片麵團。

用筷子在上面壓紋。

有紋路的那面朝下，放上材料。

麵團蓋起來剛剛好，翻面更方便。

3 以較弱的中火加熱 3～4 分鐘，翻面再加熱 3 分鐘（不加蓋）。

愛吃肉必收！做成冷便當也超美味！

照燒牛肉帕里尼

材料（直徑 15～16 cm × 1 個）

A
低筋麵粉… 100 g
泡打粉… 3～4 g（1 小匙）
鹽… 1 g（¼ 小匙少一點）
砂糖… 5 g（1 小匙多一點）

B
水（冷水也 OK）… 50 g
沙拉油… 5 g（1 小匙多一點）

牛肉（切片）… 60 g
洋蔥（切薄片）… 20 g
沙拉油… 少量
燒肉醬… 2 小匙

作法

**製作
麵團**

參閱 p. 130～p. 136。

▼

**分割・
整形**

1 在平底鍋（直徑 20 cm）中熱油，
加入牛肉和洋蔥拌炒，用燒肉醬
調味。

2 分割成 2 等分，分別滾圓。壓平
後，整形成橢圓形，將其中一片
壓出紋路。

3 將平底鍋擦乾淨，放入已壓紋的
麵團、材料，疊上另一片麵團。

▼

**雙面
烘烤**

4 以較弱的中火加熱 3～4 分鐘，翻
面再加熱 3 分鐘（不加蓋）。

有壓紋的那面朝下，放上材料。依照
p. 152 的作法，蓋上麵團。

煎包

包子是最經典的中式點心，
將麵團拉薄包住食材後，
用平底鍋，就可以做出焦脆口感的煎包！

「看起來就超好吃，
就像店裡賣的一樣！」
深受好評！

不用排隊就吃到！

酥脆爆汁小籠包

材料（6個）

A
低筋麵粉… 100g
泡打粉… 3～4g（1小匙）
鹽… 1g（¼ 小匙少一點）
砂糖… 5g（1小匙多一點）

B
水（冷的也OK）… 50g
沙拉油… 5g（1小匙多一點）

C
豬絞肉… 100g
香菇（切丁5mm）… 1個
水煮筍子（切丁5mm）… 20g
鹽、胡椒… 各少量
醬油、蠔油… 各1小匙
胡麻油… 2小匙

焙煎白芝麻… 適量

作法

製作麵團

參閱 p.130～p.136。

1 攪拌混合材料 C，分成6等分。

2 分別滾圓後壓平，用桿麵棍拉長四邊。將材料包起來，底部沾白芝麻，放入平底鍋（直徑20cm）。

分割‧整形

用桿麵棍往四邊延展，中間（包子的底部）保留厚度。

放上 C，將麵團往中間收合捏緊。

繼續拉開對角的兩邊，然後再捏　　　　　底部壓一壓芝麻，沾滿麵皮。
緊收合。

蒸烤　**3** 繞圈加入沙拉油（1 小匙，額外分量），倒入 100㎖ 的水，大火煮沸。水
滾後蓋上蓋子，轉至弱中火，加熱 7～8 分鐘。打開蓋子，如果還有殘留
的水分，繼續加熱直到水分蒸發。

放入平底鍋並保留空隙，繞圈倒　　　　　加水開火，水滾後蓋上蓋子，開
入沙拉油。　　　　　　　　　　　　　　始煎麵團。

和葡萄酒最搭！

義大利三色煎包

材料（6 個）

A
> 低筋麵粉… 100g
> 泡打粉… 1 小匙（3～4g）
> 鹽… 1g（¼ 小匙少一點）

B
> 砂糖… 5g（1 小匙多一點）
> 水（冷的也OK）… 50g
> 橄欖油… 5g（1 小匙多一點）

莫札瑞拉起司（小塊）… 6 個
小番茄（切半）… 3 個
羅勒葉（切半）… 3 片

作法

製作麵團

參閱 p.130～p.136。

分割・整形

1 將麵團分割成6等分，分別滾圓。壓平後，用桿麵棍拉長四邊。將莫札瑞拉起司、小蕃茄、羅勒包起來，放入平底鍋（直徑20 cm）。

蒸烤

2 繞圈加入橄欖油（1 小匙，額外分量），倒入100 ㎖ 的水，以大火煮沸。水滾後蓋上蓋子，轉成弱中火，加熱7～8分鐘。打開蓋子，還有殘留水分的話，繼續加熱直到水分蒸發。可依喜好淋上一些橄欖油（額外分量）。

在中間放上材料，依照小籠包（p.157～p.158）的作法包起來。

收口朝上，擺入平底鍋，麵團之間要保留空隙。

甜蜜蜜日式紅豆包

材料（6 個）

A
| 低筋麵粉… 100g
| 泡打粉… 3～4g（1 小匙）
| 鹽… 1g（¼ 小匙少一點）
| 砂糖… 5g（1 小匙多一點）

B
| 水（冷水也OK）… 50g
| 沙拉油… 5g（1 小匙多一點）

紅豆沙餡… 120g

作法

製作麵團

參閱 p.130～p.136。

分割‧整形

1 將麵團分割成6等分，分別滾圓。壓平後，用桿麵棍拉長四邊。將紅豆沙餡包入麵團，放入平底鍋（直徑20㎝）。

2 繞圈加入沙拉油（1小匙，額外分量），倒入100㎖的水，以大火煮沸。水滾後蓋上蓋子，轉至弱中火，加熱7～8分鐘。打開蓋子，還有殘留水分的話，繼續加熱直到水分蒸發。

蒸烤

在中間放上材料，依照小籠包（p.157～p.158）的作法包起來。

收口朝下，擺入平底鍋，麵團之間要保留空隙。

派對點心

派對必備的點心麵包，25分鐘就能完成！
利用麵團整形的簡單技巧，
製作出愛心、小魚、樹木等造型麵包！

Valentine

情人節愛心♥巧克力布朗尼

材料（4 個）

A
低筋麵粉… 90g
可可粉（無糖）… 10g
泡打粉… 3～4g（1 小匙）
鹽… 1g（¼ 小匙少一點）
砂糖… 20g（2 大匙）

B
牛奶（冷的也OK）… 50g
沙拉油… 5g（1 小匙多一點）

巧克力豆… 30g

作法

製作麵團

參閱 p.130～p.136。

拳頭揉捏後，加入巧克力豆混合揉捏。

分割・整形

1 分割成 4 等分，分別滾圓，用手捏出愛心的形狀。
2 在平底鍋（直徑 20cm）擺上 4 個牛奶盒模具（請參閱 p.166），接著再放入麵團。

讓麵團的一端凸出來，另一端往內凹，做成愛心的形狀。

放入模具，用手指將麵團壓平並延伸到角落。

以同樣的方式，放入4塊麵團。

雙面烘烤

3 蓋上蓋子，以較弱的中火加熱4分鐘，翻面再烘烤3分鐘。

放涼後，用巧克力筆畫上喜歡的裝飾。

Tips

因為有模具，膨脹後還是能維持愛心的形狀！

烘焙小教室
牛奶盒模具的作法

牛奶盒切成寬度2
cm輪狀，凹成愛心
的形狀。

剪下寬度6cm的鋁
箔紙，包住整個模
具。

用釘書機固定凹陷
的地方。

杏仁鯉魚旗麵包

Children's day

材料（4 個）

A
| 低筋麵粉… 100g
| 泡打粉… 3〜4g（1 小匙）
| 鹽… 1g（¼ 小匙少一點）
| 砂糖… 5g（1 小匙多一點）

B
| 水（冷水也 OK）… 50g
| 沙拉油… 5g（1 小匙多一點）

杏仁片… 約 20 片
巧克力筆… 適量

作法

製作麵團

參閱 p. 130〜p. 136。

1 分割成 4 等分，分別滾圓。壓成橢圓形，切出割痕後，將麵團編成三股辮。插入杏仁片，放入平底鍋（直徑 20 ㎝）。

分割・整形

將麵團拉成長度約 10 ㎝的橢圓形，切出割痕。

將麵團交叉編成三股辮。

尾端不要收合，捏成尾巴。　　插入杏仁片，做成鱗片。

2 蓋上蓋子，以較弱的中火加熱4分鐘，翻面再加熱3分鐘。用巧克力筆畫出眼睛。

雙面
烘烤

畫出眼睛後，可愛的鯉魚旗就完成了！

繃帶妖怪麵包捲
南瓜圈圈包

手工做出豐富表情
的木乃伊造型，
讓人又怕又愛！

Halloween

● 繃帶妖怪麵包捲

材料（8個）

A
低筋麵粉… 100g
泡打粉… 3～4g（1小匙）
鹽… 1g（¼ 小匙少一點）
砂糖… 10g（1大匙）

B
水（冷水也OK）… 50g
沙拉油… 5g（1小匙多一點）

焙煎黑芝麻… 8粒
披薩調理專用乳酪絲… 40g
南瓜籽… 4個

作法

製作
麵團

參閱 p. 130～p. 136。

1 分割成 8 等分，分別滾圓。其中 4 塊搓成細長形，纏繞在香腸上，做成
繃帶妖怪。

分割·
整形

先分出 2 塊麵團，用雙手將麵團轉一轉，搓成比香腸長 3 倍的長度。

預留眼睛的空間，用麵團纏繞香
腸。

在縫隙中貼上眼睛。

跟南瓜麵包一起放入
平底鍋，麵團之間保
留空隙。

**雙面
烘烤**

2 蓋上蓋子，以較弱的中火加熱4分鐘，翻面再加熱3分鐘。在繃帶妖怪的
眼睛上方，黏上芝麻。

●南瓜圈圈包

作法

**分割・
整形**

1 剩下的麵團用來包乳酪絲，接著壓出紋路做成南瓜，放上南瓜籽。放入平
底鍋（直徑20㎝）。

用手壓平麵團，分別放入10g的
乳酪絲。

將麵團從邊緣往中間收合捏緊。

將麵團收口朝下，手指插入麵團中間。

用刀子壓出5～6處明顯的紋路。

雙面
烘烤

在中間，放上南瓜籽。

Tips —

超有萬聖節氣氛！香腸和起司是完美絕配！

歡樂耶誕手撕麵包塔

叮叮噹！
切切看吧！
裡面會是什麼？

Christmas

材料（4個）

A
低筋麵粉… 100g
泡打粉… 3～4g（1小匙）
鹽… 1g（¼ 小匙少一點）
砂糖… 10g（1大匙）

B
水（冷水也OK）… 50g
沙拉油… 5g（1小匙多一點）

棉花糖、巧克力片、加工起司、
維也納香腸（分切小塊）… 各適量

C
糖粉… 1大匙
水… 先撒 ¼ 小匙，視硬度調整用量
香腸… 4根

銀珠糖… 適量

作法

製作
麵團

參閱 p.130～p.136。

1 分割成15等分，分別滾圓。壓平後，包入喜歡的食材。在平底鍋（直徑
20cm）擺成樹的形狀。

分割·
整形

將麵團分成15塊大小一致的圓形。內餡可依喜好選擇食材。

將麵團壓平，放入食材。

將麵團往中間收合捏緊。

在平底鍋，由上層開始依序放入
1、 2、3、4、5 個麵團，擺成樹
的形狀。

雙面烘烤

2 蓋上蓋子，以弱中火加熱 4 分鐘，翻面再加熱 3 分鐘。

3 混合材料 **C** 做出糖霜，用湯匙抹在麵包上，撒上銀珠糖。

55 MINUTES BREAD

索引

自製抹醬

漢堡、三明治

餡料麵包、小餐包

內餡麵包

QQ球

夾心麵包

麵包捲

飯糰麵包

貝果

炸麵包

懶人版快速披薩

帕里尼

煎包

派對麵包

暖心湯品、飲品

配菜、沙拉

國家圖書館出版品預行編目（CIP）資料

一只平底鍋，搞定 50 款手作麵包：免烤箱、不用麵包機，
揉麵團還不沾手，麵包、瑪芬、甜甜圈……25～55 分鐘上
桌。榮獲世界美食家圖書大獎！／沼津理惠著；林芷柔譯.
-- 初版 . -- 臺北市：任性出版有限公司, 2022.06
192 面；17×23 公分 . --（issue；039）
譯自：55 分で焼きたてパン
ISBN 978-626-95804-5-3（平裝）

1. CST：點心食譜　　2. CST：麵包

427.16　　　　　　　　　　　　　　　　　　111003689

issue 039

一只平底鍋，搞定50款手作麵包

免烤箱、不用麵包機，揉麵團還不沾手，麵包、瑪芬、甜甜圈……25～55分鐘
上桌。榮獲世界美食家圖書大獎！

作　　　　者／沼津理惠
譯　　　　者／林芷柔
責　任　編　輯／黃凱琪
校　對　編　輯／連珮祺
美　術　編　輯／林彥君
副　總　編　輯／顏惠君
總　　編　　輯／吳依瑋
發　　行　　人／徐仲秋
會　計　助　理／李秀娟
會　　　　計／許鳳雪
版　權　專　員／劉宗德
版　權　經　理／郝麗珍
行　銷　企　劃／徐千晴
業　務　助　理／李秀蕙
業　務　專　員／馬絮盈、留婉茹
業　務　經　理／林裕安
總　經　　理／陳絜吾

出　　版　　者／任性出版有限公司
營　運　統　籌／大是文化有限公司
　　　　　　　　臺北市 100 衡陽路 7 號 8 樓
　　　　　　　　編輯部電話：（02）23757911
　　　　　　　　購書相關資訊請洽：（02）23757911 分機 122
　　　　　　　　24 小時讀者服務傳真：（02）23756999
　　　　　　　　讀者服務 E-mail：haom@ms28.hinet.net
　　　　　　　　郵政劃撥帳號／19983366　　戶名／大是文化有限公司

法　律　顧　問／永然聯合法律事務所
香　港　發　行／豐達出版發行有限公司 Rich Publishing & Distribution Ltd
　　　　　　　　香港柴灣永泰道 70 號柴灣工業城第 2 期 1805 室
　　　　　　　　Unit 1805, Ph. 2, Chai Wan Ind City, 70 Wing Tai Rd, Chai Wan, Hong Kong
　　　　　　　　電話：21726513　　　傳真：21724355
　　　　　　　　E-mail：cary@subseasy.com.hk

封　面　設　計／季曉彤
內　頁　排　版／黃淑華
印　　　　刷／鴻霖印刷傳媒股份有限公司

■ 2022 年 6 月　初版　　　　　　　　　　　　　　Printed in Taiwan
ISBN／978-626-95804-5-3　　　　　　　　　　　　定價 400 元
電子書 ISBN／9786269596072（PDF）　　　（缺頁或裝訂錯誤的書，請寄回更換）
　　　　　　　9786269596065（EPUB）

55分で焼きたてパン
© Rie Numazu 2021
Originally published in Japan by Shufunotomo Co., Ltd
Translation rights arranged with Shufunotomo Co., Ltd.
Through LEE's Literary Agency, Taiwan
Traditional Chinese edition copyright © 2022 by Willful Publishing Company